食醫心鑑

甲子夏六月

東方學會印行

論中風疾狀食治諸方

葛粉索餅　　粟米粥　　　冬麻子粥
薏苡人粥二方　蒸驢頭方　蒸烏驢皮方
蒸羊頭肉方　熊肉腊臘方　大豆妙方
烏雌雞羹　　焦鹿蹄方　　焦蒼耳菜方
焦牛蒡葉方

浸酒茶藥諸方

驢頭酒　　　牛膝浸酒　　虎脛骨浸酒
烏粘子浸酒　石英磁石浸酒　野駝脂酒
雁脂酒　　　薯蕷酒　　　巨勝酒
枳殼方　　　槐葉茶方

一

治諸氣食治諸方

訶梨勒茶方　橘皮湯

論心腹冷痛食治諸方

桃人粥　高良薑粥　紫蘇子粥

畢撥粥

論脚氣食治諸方

木瓜湯　人參茯苓湯

論脾胃氣弱不多下食食治諸方

釀猪肚方

論五種噎病食治諸方

羊肉索餅　黃雌雞索餅　桂心粥

論消渴飲水過多小便無度食治諸方

心一堂　飲食文化經典文庫

牛乳方

論十水腫諸方

論七種淋病食治諸方

冬麻子粥　　　　葵菜粥　　　　蘇漿水粥

榆白皮索餅　　　車前葉羹　　　蒲桃煎

青頭鴨羹　　　　青粱子米粥　　水牛肉羹

青小豆方　　　　青小豆粥　　　梟葵粥

小便數食治諸方

黃雌雞粥　　　　炙黃雌雞方　　生薯藥酒

羊肺羹　　　　　小豆羹　　　　雞腸菜羹

論五痢赤白腸滑食治諸方

猪肝丸　　　　　鯽魚粥　　　　鯽魚鱠

白樹雞粥　　薤白粥　　黍米粥

論五種痔病下血食治諸方

炙鸚鴿方　　焦木槿花方　　扁竹葉羹

野猪肉炙方　　鯉魚鱠　　蒼耳葉羹

杏人粥　　黃蓍粥　　鰻鱺魚炙方

論婦人姙娠諸病及產後食治諸方

羊肉索餅　　鯉魚湯　　糯米阿膠粥

丹雞索餅　　地黃粥　　竹瀝粥

車缸酒　　地黃粥　　桃人粥

冬麻子粥　　猪心羹　　秤錘酒

羊肉膍臍方　　羊頭肉方　　地黃煎

生地黃汁方　　炮猪肝方　　鯽魚粥

黃雌雞粥　　猪腎羹　　猪蹄粥

猪肝羹　　馬齒粥　　鯽魚膾

薤白粥　　野雞肉餛飩

小兒諸病食治諸方

白石脂散　　生地黃粥

人參粥　　冬麻子粥　　郁李人粥

紫蘇子粥　　雞子粥　　黍米粥

石膏粥　　母猪乳汁方　　治小兒夜啼法

漿水粥　　梨粥　　淡竹葉粥

牛蒡粥　　乾葛粥　　葛粉湯

餘方無名者散見本類

三

目錄

錄目

心一堂 飲食文化經典文庫

唐　咎　殷　撰

論中風疾狀食治諸方

黃帝曰歲之所以多風疾之病者何氣使然師曠對曰此八
正之候常以冬至之日風從南方來者名爲虛風賊風傷人者
也以夜至萬民皆臥而不犯之也故其歲萬民少病以其晝
至萬民懈墮而皆中於風故萬民多病虛邪入客於骨而不
發於外至於立春氣大發腠理立春之日風從西來者萬民
皆中於虛風邪相搏經氣絕伐故諸逢其風而民之遇其雨
者名遇風歲露焉因歲之和少賊風無病死者歲多賊風邪
之氣寒溫不適則多病矣風從南來者名曰大弱其傷人也
內舍於心外舍於脉其氣主爲熱風從西南方來者名曰謀

風其傷也內舍於脾外舍於肥肉其氣主為弱風從西方來
者名曰岡風其傷也內舍於肺外在皮膚其氣為燥風從西
北方來者名曰折風其傷也內舍於小腸外在手太陽之
脉脉絕則泄閉則結不通則喜暴死風從北方來者名曰大
岡之風其傷也內舍於腎外在骨肉及脊筋脉其氣主為寒
痹風從東北方來者名曰胸風其傷也內舍於腸外在兩
脇腋骨下及四肢節風從東方來者名曰嬰兒之風其傷人
也內舍於脾外在筋絡其氣為濕痹風從東南方來者名曰
弱風其傷人也內舍於肉其氣主為體重凡八風者
皆從其虛之鄉來乃能病人三虛相搏則為暴病卒死兩實
一虛則為淋露寒犯其雨濕之地則為痿故聖人避邪風如
避矢石其三虛而偏中於邪風則為繫仆偏枯矣

治中風心脾熱言語謇澀精神惛憒手足不隨宜喫葛粉索
餅方

葛粉 四兩　　荊芥 一握

右以水四升煑荊芥六七沸去滓澄清軟和葛粉作索餅
於荊芥汁中食之

治中風心脾熱言語謇澀精神惛憒手足不隨口喎面戾宜
服粟米粥方

白粱米 三合　　荊芥　　婆訶葉 各一握

右以水三升煎荊芥婆訶取汁一升半澄濾投米煑粥空
心食之

治中風五藏擁熱言語謇澀手足不隨神情冒昧大腸澀滯
宜喫冬麻子粥方

二一

11

冬麻子 半升

白米 三合

右以水二升研濾麻子取汁煮粥空心食之

治中風言語蹇澀手足不隨大腸擁滯宜食薏苡人粥方

薏苡人 三合

冬麻子 半升

右以水三升研濾麻子取汁用煮薏苡人煮粥空心食之

治中風手足不隨言語蹇澀嘔吐煩燥惛憒不下方

白粱米飯 半斤以漿水浸

葛粉 四兩

右漉出粟飯以葛粉拌令勻於豉汁中煮調和食之

治中風頭痛心煩若不下食手足無力筋骨疼痛口面喎言語不正宜喫薏苡人粥方

葱白 婆訶 各一握

牛蒡根 切五合

豉 三合

薏苡人 三合擣

右以水四升煮蔥白牛蒡根婆訶等取汁二升半去滓投

薏苡人煮粥空心食之

治風頭目眩心肺浮熱手足無力筋骨煩疼言語似澀宜食

蒸驢頭方

　烏驢頭 一枚

右煠治如法蒸令熱重焦任性著鹽醋椒葱食之

治中風手足不隨筋骨疼痛心煩燥口面喎斜宜喫蒸烏驢

皮方

　烏驢皮 一領

右煠洗如法蒸令熟切於豉汁中五味更煮空心食之

治風眩羸瘦小兒驚癇丈夫五勞手足無力宜喫蒸羊頭肉

方

白羊頭

右爆治如法蒸令極熟切以五味汁和調食之

治中風心肺熱手足不隨及風痺不仁筋急五緩恍惚煩躁

宜喫熊肉臘膟方

右以熊肉一斤如常法切臘膟調和空心食之

治諸風濕痺筋攣膝痛積熱口瘡煩悶大腸祕澀宜服大豆

妙方

大豆 一兩為末

土蘇 半斤

右相和令勻不約時煮爛後食一兩匙

治風寒濕痺五緩六急骨中疼痛宜食烏雌雞羹方

烏雌雞 一隻

右治如法煮令極熟細擘以豉汁葱薑椒醬作羹食之

14

治風寒濕痺四肢拘攣

右蒼耳子三兩爲末水一升半煎七合去滓服

治諸風脚膝疼痛不能踐地宜喫焦鹿蹄方

鹿蹄 四隻

右治如食法煮令極熟擘取肉於五味中重焦空心服之

治頭風寒濕痺四肢拘攣宜喫焦蒼耳菜方

蒼耳嫩葉 一斤　土蘇 一兩

右煮蒼耳葉三五沸漉出五味調和食之

治中風毒心煩口乾手足不隨及皮膚熱瘡宜喫焦牛蒡葉方

牛蒡肥嫩葉 一斤　土蘇 半兩

右細切牛蒡葉煮三五沸漉出於五味汁中重焦點蘇食

四

食醫心鑑

浸酒茶藥諸方

之

治風毒在骨節疼痛不可忍虎脛骨浸酒方

隨性飲之忌牛肉

右以酒一斗五升浸先炒豆令熟投諸藥酒中經三兩宿

牛膝根 洗切 二斤　豆 一升　生地黃 切 二升

治久風濕痺筋攣膝痛胃氣結積益氣止毒熱去黑誌面䵟

皮膚光潤牛膝浸酒方

之

右煻洗如法羹熟和汁浸麴如常家醞酒法候熟任性飲

烏驢頭 一枚

治大風手足攤緩一身動搖驢頭酒方

虎脛骨〔二斤炙令黃剉〕　牛膝〔二兩〕　芍藥〔三兩〕

防風〔四兩〕　桂〔一兩〕

右並剉以生絹袋盛浸酒二斗經三兩宿隨性飲之忌牛
肉生葱

治脚膝頑麻無力頭目眩五臟虛烏粘子浸酒方

烏粘子〔二升〕　甘菊花〔四兩〕　天蓼木〔剉二斤〕

右以酒一斗浸經四五宿隨性飲之

治手足痺弱不可持物行動無力及耳聾腎藏虛損益精保
神守中石英磁石浸酒方

白石英〔剉十兩〕　磁石〔十兩研以水浮去濁汁〕

右以生絹袋盛以酒一斗五升浸三五宿任性煖飲之酒
盡旋入

治風濕痹頑五緩六急野駝脂酒方

野駝脂 一升

右鍊濾每日空心煖酒一盞入野駝脂半兩許和服之

治風擊拘急偏枯血氣不通利雁脂酒方

右以雁脂四兩鍊濾過每日煖酒一盞以雁脂一匙和飲之

治頭風口動眼瞤脚膝頑痹無力小便數薯蕷酒方

生薯蕷 半斤 去皮

酒 三升

右以酒一升煎一沸旋下薯蕷旋旋添酒薯蕷熟入酥蜜

治風虛濕痹脚膝無力筋攣急痛巨勝酒方

巨勝 三升 炒

薏苡人 一升

生乾地黃 半升 切

蔥椒鹽空心服之

右以生絹袋盛用酒二升浸經三五宿任性煖服之

皮膚風痒明目枳殼方

枳殼一兩爲末水一升入末小許如茶煎服之

治野雞痔下血除目暗槐葉茶方

右以嫩槐葉一斤一如造茶法爲末如茶煎啜之

治諸氣食治諸方

治下氣消食訶梨勒茶方

訶梨勒 一兩去核

右以水一升先煎三兩沸然後下訶子更煎三五沸作茶色入少鹽啜之

治胸中伏熱下氣消痰化食去醋咽橘皮湯方

右以橘皮一兩去瓤微炒爲末如茶法薄煎啜之

論心腹冷痛食治諸方

夫心痛者為風冷邪氣乘於心也凡心藏神如傷正經則旦
發夕死夕發旦死耳心有包絡脉也心包絡脉者是心主之
別脉也為風冷所乘則心痛氣逆其五臟氣相干名厥心痛
夫諸藏若虛受病氣乘于心則心下急痛是謂脾心痛也又
云九種心痛者其名各不同一蟲心痛二疰心痛三風心痛
四悸心痛五食心痛六飲心痛七冷心痛八熱心痛九久心
痛謂之九種心痛也此皆諸邪之氣乘於手少陰之絡邪氣
搏於正氣邪正相干交結相擊故令心痛也

治冷氣心痛發動無時不能下食桃人粥方

桃人 一兩去皮尖研 以水投取汁 ・ 紅米 三合

右以桃人汁和米煮粥空心服之

心一堂 飲食文化經典文庫

治心腹冷氣又心刺肋痛方

吳茱萸 末二分　　　米 二合　　　葱白一握 切

右先煮粥熟下葱及茱萸末和勻空心食之

治心腹冷結痛或遇寒風及喫生冷卽發動高良薑粥方

高良薑 剉六分　　　米 三合

右以水二升煎高良薑取一升半去滓投米煮粥食之

治久患冷氣心腹結痛嘔吐不下食方

蜀椒 半兩口開者　　　麵 三兩

右先以醋浸椒經宿漉出以麵拌令勻以少水煮和汁吞
之

治冷氣心腹脹滿不能下食紫蘇子粥方

紫蘇子 半升水掬研以水二升攄取汁　　　米 三合

右以紫蘇汁和米煑粥著鹽豉空心食之

治心腹冷氣刺痛妨脹不能下食畢撥粥方

畢撥　　胡椒　　桂心 各一分為末

米 三合

右煑作粥下畢撥等末攪和空心食之

論脚氣食治諸方

夫脚氣者皆風毒所生其因多得於病後初卽飲食減少漸

而脚膝無力或縱緩攣急或行步艱難或腫或冷狀若蟲行

久則惡聞飲食心胸衝悸壯熱頭昏言語忘誤若入於腹內

則令人上氣邪氣勝於正氣則爲血澁瘙弱邪在膚膝則

搔之狀如隔衣毒搏於腎藏則腫滿而喘急令江東嶺南之

地其疾甚多若緩而治之必傷於人命蓋病之非常在治療

而宜速耳

治腫從足始轉入腹方

猪肝一具^{洗細切布絞更以醋洗}

右以蒜虀食之一服不盡分作兩頓亦得

治浮腫脹滿不下食心悶方

猪肝一具^{切作虀}

右煮葱白豉薑椒熟焦食之

又方

猪肝一具以水煮令熟切食之

又方

猪脊骨臂上肉一條

右切作生蒜虀食之兼除風毒衝心悶

又方

紫蘇子〈牛升搗令碎以水濾之取汁以〉　粳米〈二合〉

右相和煮粥空心食之

治脚氣浮腫心腹脹滿大小便不通方

郁李人〈六分研濾取汁〉　薏苡人〈三合搗如粟米〉

右以郁李人汁煮作稀粥空心食之

又方

冬麻子〈牛升炒搗研水濾取汁〉　米〈二合〉

右以麻汁煮作粥空腹食之

又方

水牛頭蹄〈治如食〉

右蒸熟爛停冷食之

治脚氣衝心煩躁不安言語錯謬方

鯉魚一頭 食如治 蓴菜 四兩 葱白 切三合

右調和豉汁中煮作羹食及臗亦得

治脚氣頭面浮腫心腹脹滿小便澀少方

右取馬齒莧和少米醬汁煮熟食之

治脚氣腎虛風濕脚弱方

右取生栗子懸令乾每日平明喫三二十箇以腎粥食之佳

治脚氣腎虛腰脚無力方

猪腎一雙 去脂膜 米 二合 葱白 切二合

右於豉汁中煮作粥著椒薑任性空心食之

治脚氣風痹不仁不緩筋急方

熊肉 半斤

右切作臘脯著椒薑蔥鹽任性空心食之

治風寒濕痹五緩六急方

烏雞一隻 治如食

右煮令極熟調和作羹食之

治風毒脚膝攣急骨節疼方

豉心五升 九蒸九曬

右以酒一斗半浸經宿空心煖服之

治脚氣心煩脚弱頭目眩冒痹濕筋急方

黑豆二升熟炒投酒一斗中密覆經宿飲之

治風寒濕痹四肢攣急骨節疼方

鹿蹄一具 治如食　　牛膝葉 半斤

右煑令極熟著葱椒調和任性食之

治脚氣調中利筋骨木瓜湯方

木瓜（皮切一個去）　蜜（三合）　生薑

右於銀器中以水二升煎取一升投蜜服之

人參茯苓湯方

右以人參茯苓等分爲末沸湯如茶點之

論脾胃氣弱不多下食治諸方

脾胃者中宮中宮土藏也土生萬物四藏皆含其氣故云人之虛者補之以味左傳曰味以行氣氣以實志滋行潤神必歸於食莊子云口納滋味百節肥焉脾養肥肉脾胃氣弱卽不能消化五穀穀氣若虛則腸鳴洩痢溏痢既多卽諸藏竭肥肉消瘦百病輻湊且宜以飲食和邪益脾胃氣滋藏府養

十一

於經脉疾之甚可謂上醫故千金方云凡欲治病且以食療

不愈然後用藥

治脾胃氣弱不多下食四肢無力日漸消瘦方

麵 四大兩

白羊肉 四大兩

右溲麵作索餅以羊肉作臛熟煑空心食之以生薑汁溲

麵更佳

治脾胃氣弱食飲不下黃瘦無力方

蓴菜

鯽魚 各四兩

右魚以紙裹炮令熟去骨研以橘皮鹽椒薑依如蓴菜羹

法臨熟下魚和空心食之

治脾胃氣冷不能下食虛弱無力方

鯽魚半大斤 作膾

右熟煎豉汁投之著椒薑橘皮末作餛飩膽空心食之

治脾胃氣弱不多下食宜釀豬肚方

猪肚一枚 淨洗　　人參　　橘皮 各四分

下饋飯 半升　　猪脾一枚 淨洗細切

右以飯拌人參橘皮脾等釀猪肚中縫綴訖蒸令極熟空腹食之鹽醬多少任意

治脾胃氣弱見食嘔吐瘦薄無力方

麵 四大剛　　雞子清 四枚

右以雞子清溲麵作索餅熟煮於豉汁中調空心食之

治脾胃氣弱食不消化瘦薄羸劣方

麵麴 大兩　各二　生薑汁 三大合

右以薑汁溲麵拌麴等作索餅熟煮著橘皮椒鹽以羊肉

食鑑

十一

食醫心鑑

髒豉汁食之

治脾胃冷虛勞羸瘦苦不下食方

羊脊骨一具（搥碎）　白米（半升）

右先煮骨取汁下米及葱白椒薑鹽作粥空心食之作羹亦得

治脾胃溢入即吐出方

羊肉半斤去脂切作生以蒜虀食之

治嘔吐湯飲不下方

粟米半升擣粉沸湯和丸如桐子大煮熟點少鹽食之

治乾嘔方

羊乳一杯煖空心飲之

治嘔吐百治不差方

生薑一兩切如菉豆大

右以酸漿水七合於銀器中煎取三合空心和汁喫

治脾胃氣弱惡心潰潰常欲吐方

虎肉四兩

右切作炙著葱椒腤炙令熟停冷食之經云熱食虎肉壞

人齒

治脾胃氣弱不能食黃瘦無力方

生薑汁四合　生地黃汁一升　蜜二合

右微火煎令如稀餳空心服一匙煖酒下之

論五種噎病食治諸方

五噎者一日氣噎二日憂噎三日食噎四日勞噎五日思噎

此皆陰陽不和三焦隔絕津液不利故令氣隔不調是以成

食錄

噎也

治五噎胸隔寒飲食不下瘦弱無力宜食羊肉索餅方

羊肉 四兩炒作臛　麵 半斤　橘皮 一分作末

右和麵以生薑汁溲作索餅空心食之

治五噎飲食不下喉中妨塞瘦弱無力宜喫黃雌雞索餅方

黃雌雞 一兩炒作臛　麵 半斤　桂末 一分

右以桂末茯苓末和麵溲作索餅熟煑兼臛食之

茯苓末 一兩

治五噎飲食不下胸中結塞瘦弱無力方

烏雌雞肉 如常爛治　麵 四兩　桑白皮

茯苓 各八分　桂心 四分並剉

右以水一升煎桑白皮等三味汁三合溲麵和肉煑熟食

32

之

治五噎不下食方

右取崖蜜含微微嚥之即差

治氣噎方

蜜 壹升　　酥 三兩　　薑汁 三合

右相和微火煎如稀餳入酒中飲之

治噎病胸膈積冷飲食不下黃瘦無力方

蜀椒壹百粒開口者

右以醋淹浸令濕漉出麵拌令勻熟煮和汁吞之差

治胸膈氣擁結飲食不下桂心粥方

桂心 四分　　茯苓 六分　　桑白皮 十二分

右細剉以水二升煎取壹升半去滓量事著米煮粥食之

治噎病不下食方

春杵頭糠 半合　麵 四兩

右相和溲作餺飥空心食之

論消渴飲水過多小便無度食治諸方

凡消渴有三一日消渴二日消中三日消腎渴而飲水小便

多者名曰消渴喫食多不甚渴小便數漸消瘦者名曰消中

渴而飲水不絕腿膝瘦弱小便渴有脂液者名曰消腎此蓋

由積久嗜食鹹酸飲酒過度無有不成消渴然本草云大寒

凝海唯酒則不冰明其酒性酷熱物無以喻此之二味酒徒

耽嗜不離其口酣醉之後制不由已飲噉無度加以鮓醬不

擇鹹酸積長夜酣飲不懈遂使三焦猛熱五藏乾燥木石猶

且焦枯在人何能不渴治之愈不愈屬在病者若能如方節

慎旬月而瘥不自愛惜死不旋踵方雖有效其如不慎者何

其所慎者有三一酒二房室三鹹酸麵食能慎此者雖不服

自可無他不防此者縱金丹不救良可悲夫宜深思之

治消渴口苦舌乾骨節煩熱方

枸杞根　桑白皮 切一升　生麥門冬 壹升去心

小麥 壹升

右以水壹斗煮取五升去滓渴卽飲之

治消渴傷中小便無度方

黃雌雞一隻 治如喫法

右煑令極爛漉去雞停冷取汁飲之

治傷中消渴口乾小便數方

野雞壹隻 食如治如

十四

食醫心鑑

右煮令極熟漉雞出渴即飲其汁

治消渴日夜飲數斗水小便數瘦弱方

猪肚一枚　淨洗

右以水煮令極熟著少豉汁和煮渴即飲汁飢即食肚

治消渴飲水不知足方

右以水煮令極熟著少豉汁和煮渴即飲汁飢即食肚

兔骨一具

右以水煮取汁飲之

治消渴口乾方

鹿頭一枚　治如
　　　　　　食

右蒸令極熟醬醋食之

治補虛羸止渴牛乳方

取牛乳不揀冷煖任性飲之

治消渴發動無時飲水無限方

蘿蔔擣絞取汁一升頓服之立定

治消渴口乾方

菰蔣草根半斤　葱白一握切　冬瓜一斤切

右於豉汁中煮作羹食之

又單方煮豉停冷渴即飲之

又方

大小麥米煮粥飲食之

又方

青小豆煮和粥食之

治大渴祕方

以青粱米煮取汁飲之以瘥止

食監　十五

37

治虛冷小便數方

雞腸一具 _{治如}_食

右切作臛和酒飲之

論十水諸方

夫十水者青水赤水黃水白水黑水玄水風水石水果水氣
水是也青水者先從面目腫徧一身其根在肝赤水者先從
心腫其根在心黃水者先從腹腫其根在脾白水者先從腳
腫上氣而欬其根在肺黑水者先從足趺腫其根在腎玄水
者先從面腫至口其根在膽風水者先從四肢起腹滿大旦
盡腫其根在胃石水者先從四肢瘦其腹獨大其根在膀胱
果水者先從臍腫其根在小腸氣水者乍盛乍虛乍來乍去
其根在大腸皆由榮衞否澀三焦不調腑臟虛弱所生雖名

心一堂 飲食文化經典文庫

證不同並令身體虛腫喘息上氣小便黃澀也

治大腸水腫乍虛乍實方

白羊肉 半斤　　白當陸 切五合

右以水五升煮令熟著葱白鹽醋椒等作臛食之

治水氣浮腫肚脹滿小便澀少方

水牛蹄壹隻 治如食

右以隔夜煮令熟取汁作羹蹄切空心食之

治水氣大腹浮腫小便澀少方

水牛尾壹枚 治如食

右細切作膾膾熟煮空腹食之

又方

牛肉壹斤蒸令熟薑醋食之

又方

水牛皮〈治如食〉蒸令極爛切於豉汁中煖過食之

又方

烏犍牛小便空腹服半升亦甚利小便

治十種水病不差垂死方

獖猪肉一斤〈切〉　米半升

右於豉汁中煮作粥著薑椒葱白空心食之

又方

獖猪肉單煮食及作羹焦炒任意食之

又方

鱧魚一頭〈重一斤治如食法〉　冬瓜子〈壹升水研取汁〉

赤小豆〈壹升〉

右以冬瓜子汁煮鱧魚豆等令熟空心食之

治脚腫滿轉上入腹方

右以水五升煮黑豆令極熟去豆適寒溫以浸脚

治水氣利小便除浮腫方

大豆　　桑構枝到各壹升

右以水五升煮取二升去滓渴即飲之

論七種淋病食治諸方

七淋者石氣膏勞熱血冷等名爲七淋也石淋者淋而出石腎主水水結而成石也氣淋者腎虛膀胱熱氣脹所爲也膏淋者肥脂狀如膏也勞淋者傷腎氣而生熱也熱淋者二焦有熱氣傷於腎流入於胞而成也血淋者其狀赤澀熱甚而生也冷淋者腎氣虛弱下焦受於寒氣入胞與正氣交爭遂

顛寒而成也諸淋者由腎虛而膀胱熱也膀胱津液之腑熱

則津液內溢而流于胞水道不通故水不上不下停積於胞

腎虛則小便數膀胱熱則水下澀數而淋瀝不宣也其狀小

便出少而小腹急痛謂之淋也

治七淋小便澀少莖中疼痛宜食冬麻子粥方

冬麻子 壹升搗水研濾取汁一升

米 二合

右以冬麻子汁煮粥著蔥白熟煮食之

治七淋小便澀少莖中痛宜喫葵菜粥方

葵菜 三兩

蔥白 壹握

米 三合

右煮葵取濃汁投米及蔥煮熟點少許濃豉汁調和空心

食之

治七淋小便不通閉妨宜喫蘇漿水粥方

土蘇　壹兩　　米　三合　　漿水　三升

右以漿水煮作粥下蘇適寒溫食之

治七淋小腹結痛小便不暢宜喫榆白皮索餅方

榆白皮　切二兩　　麵　四兩

右以水一升煎榆白皮汁三大合去滓溲麵作索餅於豉
汁中熟煮空心食之更啜二兩盞葱茶妙

治熱淋小便出血莖中疼痛宜喫車前葉羹方

車前葉　切一斤　　葱白　切一握　　米　二合

右和豉汁中煮作羹空心食之

治屎血滲痛方

車前葉　生擣絞取汁三合　　生地黃　汁三合　　蜜　二合

右相和微煖空心分為二服

食醫心監

治熱淋小便澀少滲痛滴血宜喫蒲桃煎方

蒲桃 絞取汁五合　　藕汁 五合　　生地黃汁 五合

蜜 五合

右相和煎如稀餳食前服三兩合日再服

治熱淋小便澀痛壯熱腹肚氣方

冬瓜 一斤治如食　　葱白 切一握　　冬麻人 一升以水研濾取汁

右以冬麻子汁煑作羹空腹食之

治小便澀少疼痛青頭鴨羹方

青頭鴨 一隻治如食　　蘿蔔根　　冬瓜

葱白 各四兩

右如常法羹煑鹽醋調和空心食白煑亦佳

治小便澀少尿引莖中痛青粱子米粥方

青粱米　葱白　切各一升

右於豉汁中煮作粥食之

治小便澀少尿閉悶水牛肉羹方

水牛肉　一斤　　冬瓜　　葱白　切一握

右以豉汁中煮作羹任性著鹽醋空心食之

治小便不通淋瀝閉痛青小豆方

青小豆　半升　　冬麻子　一升微妙　　生薑　切一分

右以水二升研濾麻子取汁并投薑豆煮粥空心食之

白米　半升

治小便澀少通淋瀝痛又青小豆粥方

青小豆　壹升　　通草　剉四兩　　小麥　壹升

右以水四升煎通草取汁二升去滓煮麥豆等作粥食之

十九一

治熱淋利小便鳧葵粥方

鳧葵 二斤水中杏菜是也　　米 半升

右於豉汁中煮作粥空心食之

小便數食治諸方

小便數而多者由下焦虛冷故也腎主水與膀胱爲表裏腎

氣衰弱不能制於津液胞中虛冷水下不禁故小便數也

治膀胱虛冷小便數不禁黃雌雞粥方

黃雌雞壹隻 治如食　　粳米壹升

右煮作粥和鹽醬醋空心食之

治下焦虛小便數炙黃雌雞方

黃雌雞壹隻 治如食

右炙令極熟刷鹽醋椒末空心食之

治下焦虛冷小便多數無力生薯藥酒方

生薯藥 半斤刮去皮拍令碎用

右於鐺中煑酒酒沸微微下薯藥不得攪候熟著鹽椒葱白更入酒少許空心服之妙

治小便多數瘦損無力羊肺羹方

右以羊肺一具細切葱白壹握於豉汁中煑食之

又方

羊肺壹具細切和少羊肉作羹食之

治止小便數小豆葉羹方

右以小豆葉壹斤作羹食之

治止小便數雞腸菜羹方

右以雞腸壹斤於豉汁中煑調和作羹食之

食監

47

論五痢赤白腸滑食治諸方

赤白痢者皆由榮衛不足腸胃虛弱冷熱之氣乘虛入胃客
風於腸間腸虛則泄然其赤白者是熱乘於血血滲腸內則
赤冷氣入腸津液凝滯則白冷熱交爭故赤白相雜凡痢有
胃痢脾痢大腸痢小腸痢大瘕名曰後重胃痢者飲食不化
色黃脾痢者腹肚脹滿泄注無度既嘔吐大腸痢者飲食已
窘迫大便色白腸鳴切痛小腸痢者溲便膿赤血小腸刺痛
大瘕痢者裏急重數至圊而不能便莖中痛是腎痢也按諸
方痢有三十餘種而此唯其五種者蓋是舉其宗維者
治脾氣弱大腸虛冷痢白如濃涕腰臍切痛方

鯽魚 作鱠

右以橘皮胡椒時蘿等末熟煎豉汁投鱠於中空心食之

治胃腸冷洞痢不止方

赤石脂 二兩研　　雲母粉 二兩　　麵 二兩

右相和溲作餺飥熟煮食之著鹽醋調和亦得

治脾胃氣虛腸滑下痢方

黃雌雞一隻 治如食法

右炙槌更以鹽醋刷炙之令通透熟空心食之

治脾胃氣下痢瘦方

豬肝一斤　　蕪荑末 六分

右薄起肝糝蕪荑末麵裹更以濕紙裹煨熟去麵空心食之

治脾胃氣虛食則嘔出豬肝丸方

豬肝一斤 薄起於瓦上曝令極乾

二十一

右擣爲末煮白粥絞取汁和之手丸如梧桐子大空心飯

飲下三十九

又方

猪肝半斤 薄起瓦上曝令極乾　野雞臆髀前肉四兩 曝令乾

右擣爲末以粥飲和爲丸如梧桐子大空心以飲下三十

丸

治腸胃冷下赤白痢鯽魚粥方

鱠 四兩　粳米 二合

右淅米和鱠煮粥椒鹽蔥白任意食之

治久痢赤白鯽魚鱠方

鯽魚作鱠蒜虀食之

治脾胃氣弱食不消化下赤白不止方

麴三片 末 紅米 二合

右煮作粥空心食之亦治小兒無辜痢

治腸滑赤白下痢白樹雞粥方

白樹雞 三兩洗澤細切白木耳 米 二合

右相和於豉汁中煮作粥空心食之

治脾虛冷下白膿痢及水穀痢薤白粥方

薤白 切五合 粳米 三合 薤白 切五合

右相和煮作粥任性著蔥椒攪令熟空心食之

治血痢日夜百餘行方

葛粉 三兩 蜜 一兩

右以新汲水四合攪調空心頓服之

治諸痢不差黍米粥方

黍米 合二大　　　　　　　羊脂 各一兩

右煮黍米臨熟投蠟羊脂攪令消空心食之

治赤白痢及血痢小便不通方

蜜 壹合　　　　　　馬齒菜擣取汁 三合

右相和微煖空心頓服之

治水痢方

林檎十顆 切作片

右以水一升半煮取六合林檎並汁並食之

治赤白痢及熱毒痢方

右好茶濃煎服三椀

論五種痔病下血食治諸方

夫痔之所發皆由傷於風濕飲食過度房室勞傷致使氣血

流溢滲入腸間衝發下部而成痔疾其證有五牝痔則肛傍

生鼠乳在外時時膿血出也牝痔肛傍腫而出血也脈痔肛

傍痒痛而血出也腸痔肛傍腫核痛發寒熱而出血也血痔

因便圊而血隨出也又有因酒因氣得之則大便難而久不

已變之作瘻也

治痔氣下血不止無力方

野雞一隻 治如食法

右細切著少麵幷椒鹽蔥白調和溲作餅炙熟和醋食之

治五痔下血不止炙鸜鵒方

右以鸜鵒一隻治洗炙令熟食之作粥亦得

治五痔下血不止焦木槿花方

木槿花 壹斤

二十三

53

右以少豉汁和椒鹽蔥白㵼令熟空腹食之

治痔疾下血扁竹葉羹方

扁竹葉 半斤

右切於沸湯中煮作羹著鹽椒蔥白調和空心食之

治痔下血不止方

桑耳 半斤

右以水三升煎取二升去滓著鹽椒蔥白米糁煮作粥食之

治久患痔下血不止肛邊及腹肚疼痛野豬肉炙方

右以野豬肉二斤切作炙著椒鹽蔥白膹熟空心食之

治痔下血不止肛腸疼痛鱧魚鱠方

右以鱧魚不限多少切作鱠以蒜虀食之膹亦得鯽魚鱠

及羹亦得

治五痔下血蒼耳葉羹方

蒼耳葉壹斤〔嫩者〕　米〔二合〕

右細切於豉汁中和米煮作羹著鹽椒葱白空心食之

治五痔下血不止杏人粥方

杏人一兩〔湯浸去皮尖及雙人擣以水三升研取汁〕

右煎汁沸投米煮粥食之

治五痔下血黃耆粥方

黃耆〔剉六分〕　米〔三合〕

右以水三升煎黃耆取一升去滓澄清著米煮粥空心食之

治五痔瘻瘡殺諸蟲鰻鱺魚炙方

二十四

55

右以鰻鱺魚治如食切作炙鹽葱椒白調和食之

治五痔瘻瘡方

右以鴛鴦一隻治如食炙令極熟細切以五辣醋食之

論婦人姙娠諸病及產後食治諸方

凡初有娠四肢沈重胸膈痰飲不多欲食脉理順時則是欲

有娠如此經三兩月便覺不通則結胎也其狀心憒憒頭重

目眩四肢沈重懈墮不欲執作惡聞食氣嗽酸果實多臥

少起是謂惡食其至三四月已上皆大劇吐逆不能自勝輙

者便依此飲食將息既得食力體強色盛力足養胎母便健

矣

夫產生之理吁可大歟十月既足百骨坼肥肉開解兒始能

生百日之內猶尚虛羸時人將爲一月便云平復豈不謬乎

心一堂　飲食文化經典文庫

飲食失節冷熱乖衷血氣虛損因此成疾藥餌不知更增諸

疾且以飲食調理庶為良工耳

治初姙娠心中憒悶嘔吐不下食惡聞食氣頭重目眩四肢

煩疼多臥少起增寒汗出疲乏宜食羊肉索餅方

羊肉四兩 作臛　　麵半升

右溲麵作索餅和臛調和空心食之

治姙娠胎動臟腑擁熱嘔吐不下食心煩躁悶宜服鯉魚湯

方

鯉魚一頭 食治如　　葱白一握 切

右以水三升煑魚及葱令熟空心食之

治姙身胎動不安宜喫糯米阿膠粥方

糯米三合　　阿膠四分 末炙搗

右煮糯米粥投阿膠末調和空心食之

治安胎及風寒濕痺腰脚痛方

烏雌雞一隻 治如食

右煮雞熟切肉和米煮粥著鹽椒薑葱調和空心食之作

紅米三合

羹及餛飩索餅食之

治養胎藏及胎漏下血心煩口乾丹雞索餅方

丹雄雞一隻 治如食作羹　麵壹斤

右溲麵作索餅熟煮和羹食之

治姙娠下血不止名曰漏胞胞乾胎死宜食地黃粥方

右取地黃汁三合先糯米作粥煮熟投地黃汁攪令勻空

腹食之地黃汁煖酒和服亦佳

治姙娠恒若煩悶此名子煩宜喫竹瀝粥方

右以粟米三合煮粥臨熟下淡竹瀝三合攪令勻空心食
之

治姙娠腰痛方

右以黑豆一升酒三升煮取七合去豆空心服之

治姙娠咳嗽車缸酒方

右以車缸壹枚燒令赤投壹升酒中適寒溫服之

治姙娠傷寒頭痛方

豉 三合　　　葱白 一握　　　生薑 一兩

石膏 半兩服

右以水一升煎豉等四味三兩沸去滓頓服之得汗佳

治姙娠損動下血不止煩悶方

右以冬麻子一升炒以水二升研濾取汁煎兩沸分作三

治姙娠脹滿方

以鐵秤錘壹枚燒令赤投一升酒中適寒溫頓服之

治初產腹中瘀血及瘕血結痛虛損無力宜食地黃粥方

生地黃汁 三合　　生薑 取汁一兩　　粳米 三合

右煑粥臨下地黃生薑汁攪令勻空心服之

治產後血瘕痛惡露不多下宜喫桃人粥方

右桃人一兩去尖皮研以水濾取汁煑米作粥食之

治產後血氣不調不能下食虛損無力方

白羊肉 半斤　　紅米 三合

右調和五味椒葱作粥食之

治產後積血風腫補中益氣利小便冬麻子粥方

冬麻子 一升擣研以水二升取汁 紅米 三合

右以麻汁和米煮粥食之

治產後中風血氣攤驚邪憂恚豬心羹方

右豬心壹枚煮熟切以葱鹽調和作羹食之入少胡椒末

亦佳

治產後血瘕兒枕痛秤錘酒方

鐵秤錘 一枚斧頭鐵杵亦得

酒 一升

右燒秤錘令赤投酒中良久去錘量力服

治產後虛羸無力腹肚冷血氣不調及傷風頭疼羊肉膳膞

方

治產後風虛五緩六急手足頑痺頭旋目眩及血氣不調方

右羊肉一斤切如常法調和作膳膞食之羹羹亦得

右黑豆一升炒以酒三升浸之一宿隨性煖服

治產後風眩瘦病五勞七傷心虛驚悸羊頭肉方

右白羊頭肉一枚治如法煮熟切於五味中食之

治產後虛勞百病血氣不調腹肚結痛血暈惛憒心煩躁不
多下食地黃煎方

生地黃汁　藕汁 升各一　生薑汁 二合

蜜 四合

右相和煎如稀餳空心煖酒入一匙服之

治產後百病血暈心煩悸惛憒口乾生地黃汁方

生地黃汁 三合　藕汁 三合　童子小便 二合

右相和煎一兩沸分爲二服

治產後赤白痢腰臍肚絞痛不下食炮豬肝方

猪肝 四兩

蕪荑 末 一兩

右麿起著肝糝蕪荑末於肝葉中溲麵裹更以濕紙重裹於煻灰中炮令熟去紙及麵空心食之

治產後赤白痢臍肚痛不可忍不可下食鯽魚粥方

鯽魚 半一斤

紅米 叄合

右以紙各裹魚於煻灰中炮令熟去骨研羹粥熟下鯽魚攪令勻空心食鹽葱醬如常

治產後傷中消渴小便數腸澼下痢補五藏益氣黃雌雞粥

黃雌雞 一隻治如常

紅米 三合

右切取肉和米羹粥著鹽薑葱醬食之

治產後蓐勞乍寒乍熱猪腎羹方

猪腎 一雙去脂膜　紅米 一合

右著葱白薑鹽醬煮作羹喫之

治產後虛損乳汁不下猪蹄粥方

猪蹄 一隻常治如　白米半升

右煮令爛取肉切投米煮粥著鹽醬葱白椒薑和食之

治產後乳汁不下閉妨痛猪肝羹方

猪肝一具切　紅米 一合　葱白鹽豉等

右以肝如常法作羹食作粥亦得

治產後血氣不調積聚結痛兼血暈悸憒及赤白痢馬齒粥
方

馬齒菜 一斤　紅米 二合

右相和煮作粥食之鹽醬任性著食

心一堂 飲食文化經典文庫

治產後赤白痢臍肚痛不下食鯽魚鱠方

鯽魚 作鱠 一斤　　蒔蘿　　橘皮　　胡椒 作末 各一分

蕪荑　　乾薑

右以鱠投熱豉汁中良久下諸末調和食之

治產後赤白痢臍腰痛蕪白粥方

右以蕪白切一升紅米三合煮粥空心食之

治產後痢腰腹肚痛野雞肉餛飩方

右以野雞一隻治如常作餡溲麵皮作餛飩熟煮空心食之

小兒諸病食治諸方

治小兒臍汁出不止兼赤腫白石脂散方

右以白石脂末四錢乾傅臍中

治小兒舌上瘡作白方

右取羊蹄雙骨中髓以胡粉和調傅之日可三上

治小兒髮稀乇寒乇熱黃瘦無力宜喫生地黃粥方

生地黃汁 一合　紅米 一合

右煮作粥臨熟下地黃汁攪調和食之

治小兒喉痺腫痛方

右取蛇脫皮燒作灰乳汁和一匕服之

又方

取露蜂房燒作灰乳汁和一匕服之

治小兒數歲不能行方

取葬家未開戶盜食來以哺之日三便起行

治小兒未行母有孕飲膠妳羸瘦方

右取伏翼熟炙噉之日三四度

治小兒嘔吐心煩熱牛蘆根粥方

右生蘆根一兩淨洗以水一升煎取汁七合去滓紅米一

合於汁中煮粥食之

治小兒腸胃虛冷嘔吐及痢驚啼人參粥方

人參 一合　　茯苓 各三分　　麥門冬 四分去心

紅米 一合

右以水一升半煎三味取汁七合去滓下米煮粥食之

治小兒咳嗽氣急小便澀少面目浮腫冬麻子粥方

右冬麻子三合研取汁白米三合煮粥空心食之

又方

嫩桑枝 切三合　　楮枝 三合　　米 三合

右以水二升煎桑楮枝取汁一升去滓煮米作粥食之

治小兒水氣腹肚妨痛脹滿面目腫小便不利郁李仁粥方

右郁李人四分以水八合研濾取汁以白米一合煮粥空

心食之

治小兒冷氣腹肚脹滿不多下食紫蘇子粥方

右紫蘇子三合以水研濾取汁以白米二合投汁中煮粥

食之

治小兒疳痢垂死方

右取益母葉煮與食即差

治小兒血痢方

右取馬齒莧生擣絞取汁一合和蜜一匙攪調空心食之

治小兒瀉痢腹肚絞痛方

心一堂 飲食文化經典文庫

右取益母草葉羹食之

治小兒下痢不止瘦㜷雞子粥方

右以雞子一枚米一合羹米作粥臨熟破雞子相和熟食之

治小兒下痢日夜數十度漸困無力黍米粥方

黍米 一合　雞子 一枚　蠟 細切 一分

右羹黍米粥臨熟下雞子及蠟攪勻令熟食之

治小兒蟯蟲下部痒方

右取扁竹葉一握以水一升煎取五合去滓空心食之

治小兒心下逆氣驚癇寒熱喘息咽痛石膏粥方

石膏 四兩　細米 一合

右以水三升羹石膏取一升汁去滓下米羹粥食之

三十一

69

治小兒驚癇發動無時母豬乳汁方

右母豬乳汁三合以縣纏浸乳汁令小兒吮之

治小兒夜啼法

右人定後閉氣書臍下作田字

治小兒夜啼小便不通肚痛漿水粥方

右以漿水煮白米二合作稀粥臨熟下葱白和勻食之

治小兒心藏風熱慞憒煩躁不能下食梨粥方

消梨三顆 搗濾取汁　白米三合

右煮粥臨熟下梨汁攪和食之

治小兒心藏風熱慞憒恍惚淡竹葉粥方

淡竹葉 一握　米 一合

右以水一升煮竹葉濾取汁七合煮粥熟下竹葉汁相和

食之

治小兒心藏風熱煩躁恍惚皮膚生瘡牛蒡粥方

右牛蒡根研濾取汁三合以白米一合煮粥熟投汁調和

食之

治小兒風熱嘔吐壯熱頭痛驚悸夜啼乾葛粥方

右乾葛一兩以水一升半煎取汁去滓下米一合煮粥食

之

治小兒壯熱嘔吐不下食粉葛湯方

右葛粉二兩以水三合相和調粉於銅紗羅中令遍沸湯

中煮熟食之

主漆瘡方

用韮葉研傅之

三二一

辛丑六月朔校讀於掖庭醫局是書譌字殊

多不敢臆改一依其舊云　元堅識

嘉永甲寅仲秋晦夜燈下校正一過　約之

此書唐昝殷撰宋史藝文志箸錄作二卷是此書至宋尚存

今久佚矣此本乃日本人從高麗醫方類聚中采輯而成雖

不能復原本之舊然當已得其太半晁氏讀書志謂殷蜀人

大中初箸產寶以獻郡守白敏中今殷所撰產寶日本尚有

影宋刊足本此書乃不得完帙可惜也光緒辛丑游日本得

之東京卷端有青山求精堂藏書畫之記及森氏二印後有

丹波元堅及森約之手識二則戊申正月上虞羅振玉記

書名：食醫心鑑
系列：心一堂・飲食文化經典文庫
原著：【唐】昝殷
主編・責任編輯：陳劍聰

出版：心一堂有限公司
通訊地址：香港九龍旺角彌敦道六一〇號荷李活商業中心十八樓〇五一〇六室
深港讀者服務中心：中國深圳市羅湖區立新路六號羅湖商業大廈負一層〇〇八室
電話號碼：(852) 67150840
網址：publish.sunyata.cc
淘宝店地址：https://shop210782774.taobao.com
微店地址：　https://weidian.com/s/1212826297
臉書：　　　https://www.facebook.com/sunyatabook
讀者論壇：　http://bbs.sunyata.cc

香港發行：香港聯合書刊物流有限公司
地址：香港新界大埔汀麗路36號中華商務印刷大廈3樓
電話號碼：(852) 2150-2100
傳真號碼：(852) 2407-3062
電郵：info@suplogistics.com.hk

台灣發行：秀威資訊科技股份有限公司
地址：台灣台北市內湖區瑞光路七十六巷六十五號一樓
電話號碼：+886-2-2796-3638
傳真號碼：+886-2-2796-1377
網絡書店：www.bodbooks.com.tw
心一堂台灣國家書店讀者服務中心：
地址：台灣台北市中山區松江路二〇九號1樓
電話號碼：+886-2-2518-0207
傳真號碼：+886-2-2518-0778
網址：http://www.govbooks.com.tw

中國大陸發行　零售：深圳心一堂文化傳播有限公司
深圳地址：深圳市羅湖區立新路六號羅湖商業大廈負一層008室
電話號碼：(86)0755-82224934

版次：二零一八年四月，平裝

定價：　港幣　　　七十八元正
　　　　新台幣　　二百九十八元正

國際書號 ISBN 978-988-8316-12-0